真是令人大开眼界呀！

15 魔术

[法] 安娜－贝内迪克特·施维贝尔 编　时征 译

中信出版集团 | 北京

图书在版编目（CIP）数据

真是令人大开眼界呀！. 15, 魔术 /（法）安娜 - 贝内迪克特 · 施维贝尔编；时征译. -- 北京：中信出版社，2023.11

ISBN 978-7-5217-5850-4

Ⅰ. ①真… Ⅱ. ①安… ②时… Ⅲ. ①科学知识 - 儿童读物②魔术 - 儿童读物 Ⅳ. ① Z228.1 ② J838-49

中国国家版本馆 CIP 数据核字（2023）第 120254 号

GEORGES-DRÔLE DE MAGAZINE POUR ENFANTS/N° MAGIE
Copyright © 2017 Editions Maison Georges
Georges is a registered trademark by Editions Maison Georges.
This edition was published by arrangement with The Picture Book Agency, France and Ye Zhang Agency. All rights reserved.
Simplified Chinese translation copyright © 2023 by CITIC Press Corporation
ALL RIGHTS RESERVED

本书仅限中国大陆地区发行销售

真是令人大开眼界呀！ 15 魔术

编　　者：[法] 安娜 - 贝内迪克特 · 施维贝尔
译　　者：时征
出版发行：中信出版集团股份有限公司
（北京市朝阳区东三环北路27号嘉铭中心　邮编　100020）
承 印 者：北京尚唐印刷包装有限公司

开　　本：889mm × 1194mm　1/16　　印　　张：2.5　　字　　数：66千字
版　　次：2023年11月第1版　　印　　次：2023年11月第1次印刷
京权图字：01-2023-1613
书　　号：ISBN 978-7-5217-5850-4
定　　价：398.00元（全20册）

出　　品：中信儿童书店
图书策划：小飞马童书
总 策 划：赵媛媛
策划编辑：白雪
责任编辑：许美琳
营　　销：中信童书营销中心
美术设计：谢佳静
内文排版：王莹

版权所有 · 侵权必究
如有印刷、装订问题，本公司负责调换。
服务热线：400-600-8099
投稿邮箱：author@citicpub.com

目 录

第一部分 故事篇 / 2

第二部分 游戏篇 / 18

第三部分 五花八门 / 30

我是乔治，我出现在书中的各处，准备和你一起阅读。

■ 长故事 ■

大名鼎鼎的魔术师们

绘图：盖尔 · 勃里耶

女士们，先生们，请注意！
今天要带大家认识四位著名的魔术师，其中包括一名女性和三名男性！
来看看他们的表演宣传海报和令他们声名鹊起的绝活吧。

霍华德 · 萨斯顿
（1869 年—1936 年）

霍华德 · 萨斯顿的童年十分不幸，他在很小的时候就离开家，加入了一家马戏团。1891 年，他告别了学校，成了一名魔术师。他最初靠表演纸牌魔术起家，在 1900 年时被誉为“纸牌之王”。渐渐地，霍华德 · 萨斯顿成了一名伟大的魔术师，并在世界各地进行巡回表演。 他使用的道具（包括服装、配饰等）非常多，至少要 8 节火车车厢才能把它们全部运走！

哈里 · 胡迪尼
（1874 年—1926 年）

哈里·胡迪尼原名为埃里克·韦斯，四岁时跟随家人移居美国。为了致敬法国魔术师让 - 欧仁 · 罗贝尔 - 乌丹，他在 1892 年改名为哈里 · 胡迪尼。很快，他就成为逃脱魔术的专家。即使戴上手铐并置身于锁满铁链的箱子里，他也总能用不可思议的方式逃出来！ 直到今天，他的一些逃脱表演仍然是个谜。

阿德莱德·赫尔曼无疑是最伟大的女性魔术师之一。她原名为阿黛尔·塞利娜·斯卡尔切斯，最初是一名自行车杂技演员。在一次演出时，她遇到了一位非常著名的魔术师亚历山大·赫尔曼。在成为他的助手一段时间后，她与他结为了夫妻。阿德莱德在二人的表演中非常重要，她不仅要与蛇共舞，还要亲自钻进大炮、悬在空中或化装成幽灵。1896 年，她的丈夫去世后，她决定使用阿德莱德·赫尔曼的名字独自继续演出。在 30 年间，她身着华丽服装完成了世界巡回演出！

阿德莱德·赫尔曼
（1853 年—1932 年）

钟林苏出生于纽约，原名是威廉·罗宾逊。在职业生涯的初期，为了使角色更有异国风情，他给自己取名为钟林苏。在众多表演中，他曾成功地在一杯黑色墨水中变出了一条红色金鱼，并使被裁成两半的手帕复原如初。后来，他去到欧洲发展并决定在他剩余的职业生涯里让人们相信他真的是中国人。为此，他从不在演出过程中讲话，并通过翻译来回答记者提问。只有他的一些朋友才知道真相！

钟林苏
（1861 年—1918 年）

大魔术
继凯勒之后的
又一

萨斯顿
人体悬浮
纸牌读心术
大师

阿德莱德·赫尔曼

埃及艳后再世

神奇的
空手接子弹
凭空消失
最美舞者

哈里·
逃脱之王

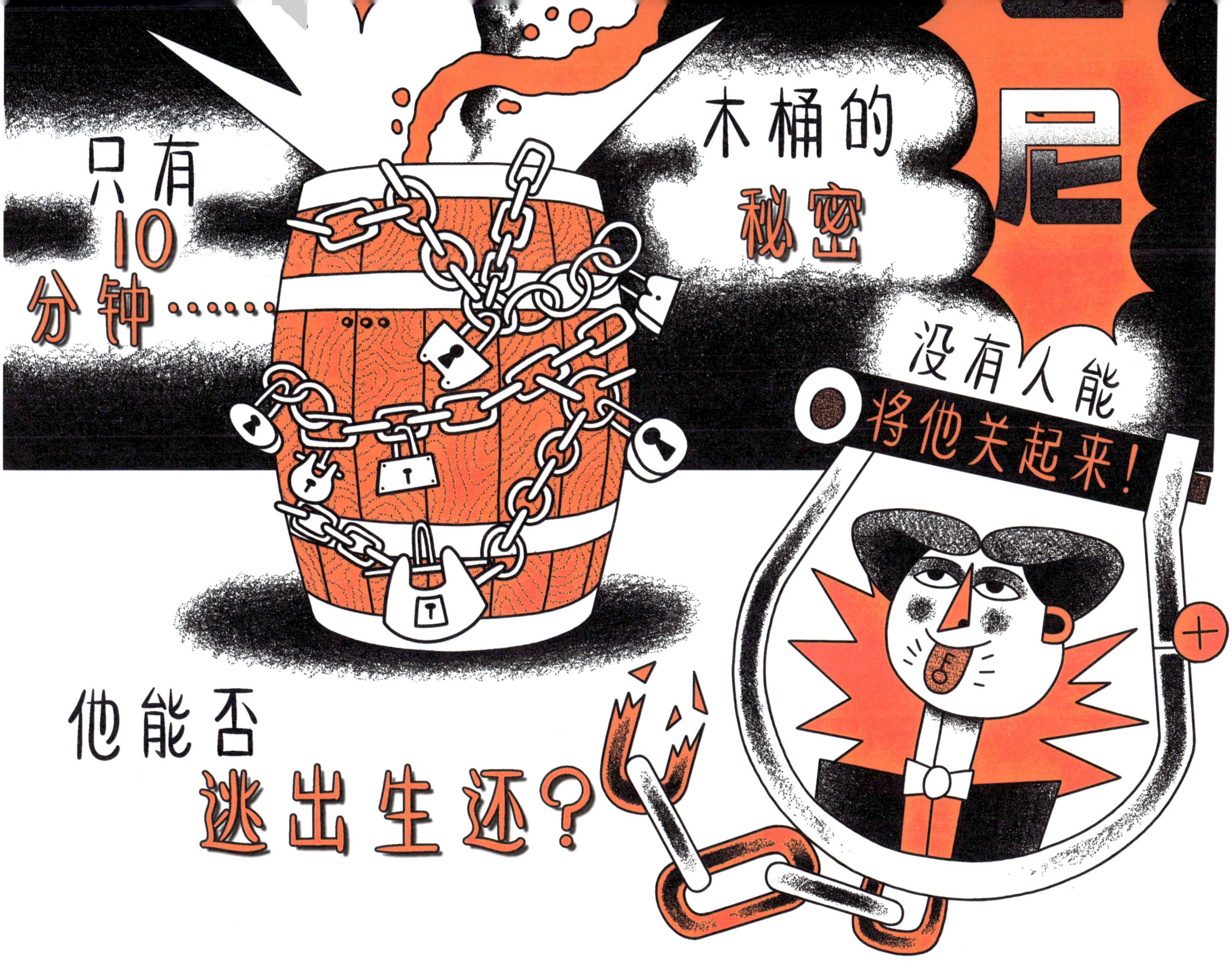
尼
木桶的
秘密
只有
10
分钟……
没有人能
将他关起来！
他能否
逃出生还？

飘浮的
球
钟
手影
神奇的

苏
大师
喷火
幻术大师
聚宝盆

现在，请你来完成这张海报！1. 填写表演的日期；2. 贴上你的照片；3. 再贴上你助手的照片；4. 为自己起一个艺名，并写在海报上。

钻火圈
3
4

邦比和高里

快速变装魔术

文本与绘图：玛丽 · 诺维昂

这速度可真的一点儿都不算快啊……
当当当当！
啊！
太震撼了，对吧？
呃，是啊，太……
这还不算完。
我还能变换很多套不同的服装！
哇哦！
啪啪啪！
啪啪！
安静！
请好好欣赏魔术。
啪啪！
这算什么魔术啊？
完

一天，自由女神像消失了

文本：樊尚·雅多　绘图：塞维里·米耶

尽管非常害羞，但年仅10岁的大卫·塞思·科特金还是在邻家小伙伴的生日会上表演了一个魔术节目。当时，他给自己起名为魔术男孩达维诺。两年后，他成了美国魔术师协会有史以来最年轻的成员。

16岁时，他进入纽约福特汉姆大学学习魔术技巧。随后，他中断了学业，化名为大卫·科波菲尔（查尔斯·狄更斯著名小说中的主人公），并加入了轻歌剧《魔术人》的演出创作之中。从那时起，人们就常常在电视节目上和越来越惊人的现场表演中看到他的身影。

大约10年后，他成为世界上最著名的魔术师之一。作为一档电视节目的主角，他已经成功地让一架7吨重的飞机凭空消失。随后，他宣布将下一个目标锁定在自由女神像身上。这可是美国最著名的建筑之一，像身足有220多吨重，连同基座高93米！

1983年4月8日，无数观众在电视机前等待着那一时刻。夜幕徐徐降临。在现场，20名随机选中的游客被安置在自由女神像对面的座位上。雕像两侧各安放了一座灯火通明的大型金属塔。一架直升机在上空盘旋，照亮了整座建筑。

突然，魔术师做了一个手势。一块巨大的幕布遮住了整个女神像。随后，大卫·科波菲尔将手指放在太阳穴上，并集中自己的意念。当幕布落下时，雕像消失了！

所幸，魔术师又重新将它变了回来。每个人都松了一口气，不过大家都被震撼到了。

好啦，你是不是认为大卫·科波菲尔拥有非凡的力量？实际上，他是一名非凡的魔术师，让我们一起揭开这个令人难以置信的魔术的秘密吧！

事实上，坐在女神像前的观众，他们座位的下面安装了一个能够旋转的大型平台。当然，观众对此毫不知情。在女神像“消失”的过程中，平台在以非常缓慢的速度转动，以至于没有人察觉到。当幕布落下时，观众看不到雕像，因为它被一侧的发光金属塔遮住了。耀眼的光线令观众炫目。雕像则隐藏在黑暗之中，让人感觉它消失了。

当平台转回原来的位置时，女神像重新出现在灯光下。在幕布、灯光和直升机的配合下，现场观众丝毫没有察觉这一系列操作。而在电视机前的观众们也都惊讶无比。这太神奇了！

■ 游戏1 ■

阿布拉卡达布拉!

绘图：彼得·艾伦

礼帽城的魔术节已经开幕啦!

A. 数数看，今年大概来了多少名魔术师和巫师?

☐ 10到20之间 ☐ 20到30之间 ☐ 30到40之间

B. 找一找，图中有几只黑猫呢？

■ 游戏2 ■

箱子中的秘密!

绘图：埃洛迪·拉斯卡尔

当西蒙娜跟乔治讲述人体分离魔术时，乔治根本无法相信。其实，在箱子中一共有两个人，她们分别藏在箱子的两侧！

A. 下面有六个女孩。

- 其中一个女孩是左页图中在箱子前半部分的女孩，请用蓝色的笔把她旁边的数字圈出来。
- 另一个女孩是左页图中在箱子后半部分的女孩，请用红色的笔把她旁边的数字圈出来。

小提示：要想找到正确的答案，除了观察女孩的姿势之外，还要注意一些小细节！

B. 下面是乔治想到的一些用来形容这个魔术表演的成语或词语，但它们被一分为二了，你能把它们重新组合起来吗？

非比	**置信**	**不可**	**伦比**	**主义**
思议	**寻常**	**无与**	**古典**	**难以**

C. 在上面这个游戏中，有一个成语或词语与众不同，你能找出它吗？

■ 游戏3 ■

你有没有觉得困了……

绘图：亚历山德拉·奥尔谢夫斯卡

西蒙娜给乔治介绍了一个会催眠的魔术师。

1. 莫妮卡

2. 拉比亚

3. 索尼娅

A. 请仔细观察魔术师手里的钟表，然后告诉乔治，钟表上出现的是上面哪一个女孩的样子？

B. 想知道这个魔术师的名字吗？把下面的两个单词中的所有字母A、C和M都去掉，答案就揭晓啦。

CHENARIM MALAUSCION

游戏4

叮！手工时间到了！

设计者：让-大卫·曼斯鲁

小朋友们，

一起来动手玩一玩吧！

E F

G H

魔术师纸模!

所需工具:

剪刀、胶棒。

制作步骤:

A. 将右页中的魔术师纸模剪下来。

B. 沿虚线将魔术师头顶的四面以及所有的粘贴片都向里折。

C. 将粘贴片A、B、C、D涂上胶，将A和B与魔术师的正面粘合起来，再将C和D与背面粘合起来。

D. 再将本页下方的礼帽剪下来。

E. 沿虚线将帽顶的四周以及所有的粘贴片都向里折。在制作礼帽的帽檐时，分别将E和F以及G和H（编号见背面）相对折叠，使编号朝向里。

F. 在标有编号E、F、G、H的一面涂上胶水，然后将E和F粘一起，G和H粘一起。

G. 将所有粘贴片都涂上胶，将各面组装并粘合起来，将两个帽檐沿虚线向外翻折。

H. 魔术师和礼帽都制作好了，请给魔术师戴上帽子吧。

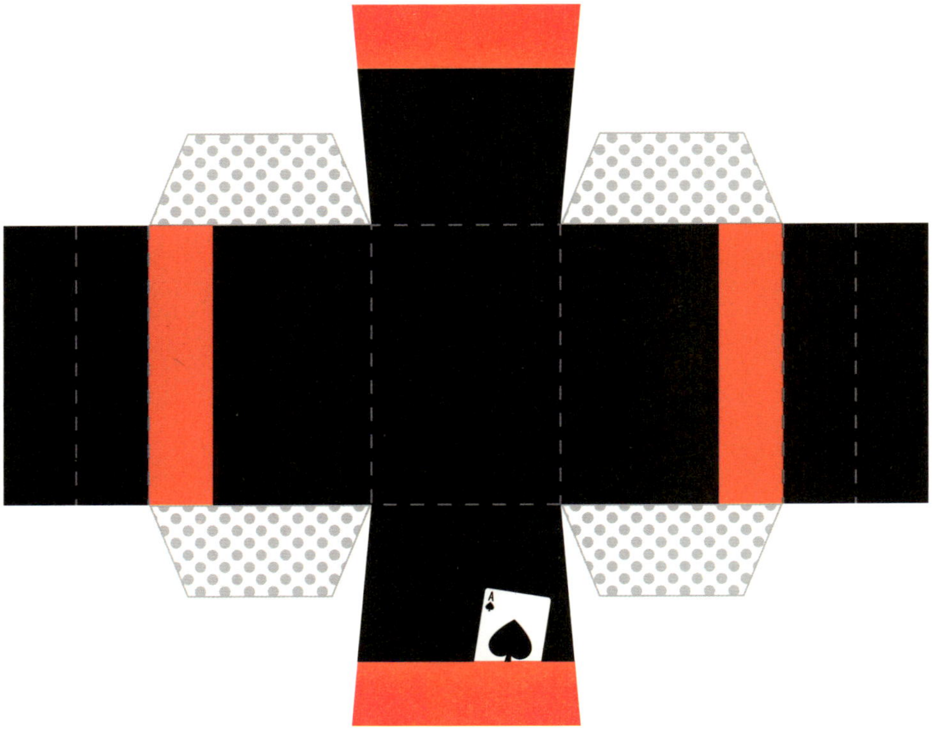

D
B
C
A

小朋友们，
继续游戏吧！

■ 游戏5 ■

预言水晶球

绘图：马蒂亚斯 · 马兰盖伊

下面这几张图，是乔治从报纸上剪下来的小故事。

你能把它们按时间顺序排列吗？

1. __E__ 2. ______ 3. ______ 4. ______ 5. ______ 6. ______ 7. ______ 8. ______

A

B

C

D

E

F

G

H

■ 游戏6 ■

神奇的绳子魔法

绘图：西蒙·朗德兰

你听说过一个叫作通天绳的魔术吗？这是一个在印度已流传了好几个世纪的魔术。江湖术士们将绳子的一端扔向空中，但它并不会掉下来，而是会笔直竖向天空，然后一个孩子会顺着这根绳子爬上去。

A. 在下面的图中，乔治发现了这个魔术的一个小小的变化：江湖术士给他的绳子施了小小的魔法，使它变得像一条蛇一样。接下来，请你找出左右两幅图中的12处不同吧！

B. 将下面的字母按个头从小到大排列，你会得到印度首都的名字。

W N I E L E D H

_ _ _ _ _ _ _ _ _

（新德里）

■ 科学实验室 ■

神奇的魔药

绘图：斯特凡妮 · 拉纳

今天，乔治要在实验室里教你制作一款“魔药”。 不过请注意，虽然看上去它会带来神奇的魔力，但**它是不能喝的！** 当然，你可以用它在所有想要学习魔法的人面前露一手。

所需材料：

- 玻璃杯
- 白醋
- 小苏打
- 食用色素（颜色任选）
- 勺子

操作过程：

1

在玻璃杯中倒入白醋（至少倒半杯）。

2

将玻璃杯放在一个带边的托盘上，如果没有的话，找一个大平盘也可以，或者放在洗手槽里，以保证随后的操作不会弄脏其他东西。

3

在一把勺子里滴入几滴食用色素。

4

再往勺子里倒入小苏打。

5

一定要确保小苏打将勺子完全填满，让所有人都看不到一丁点儿食用色素的痕迹。

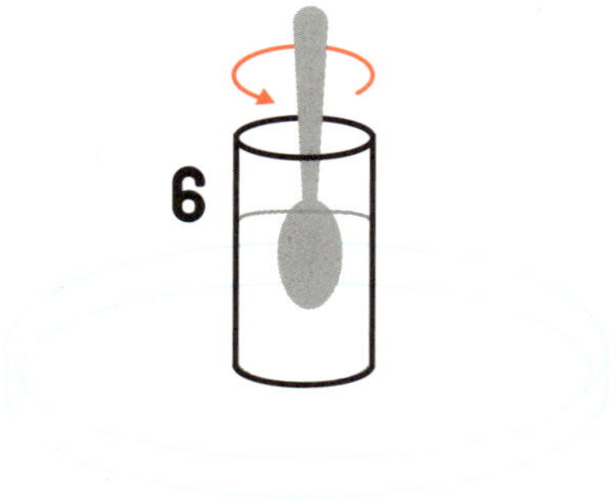

6

随后，再将盛满小苏打的勺子放入杯中，并不停搅拌。

7

杯中的魔药此时变颜色了，而且会源源不断地冒泡和溢出！

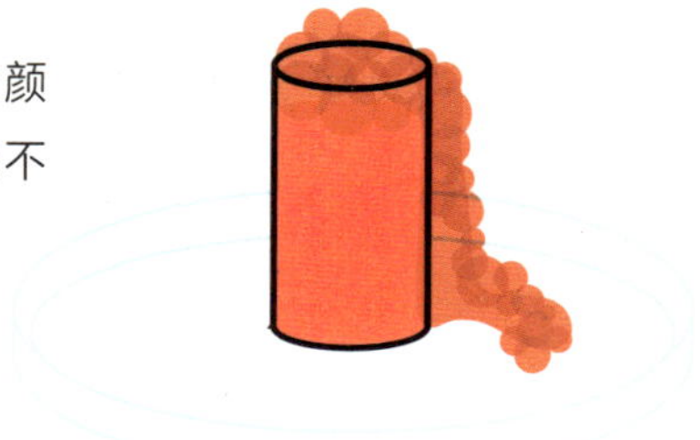

原理揭秘：

其实，这并不是什么魔法，而是一个在醋和小苏打之间发生的化学反应。当你将它们混合到一起时，液体中就会产生大量气体，泡沫由此而生。

无须坩埚，

快速配制魔药！

最后请记得洗杯子和勺子！

两个有关心灵感应的小魔术

绘图：斯特凡妮 · 拉纳

请找到一名助手（当然，还有观众），因为这两个神奇的魔术需要他们配合才能完成！在整个过程中，你和助手之间看上去像是在用意念交流！所以在演出之前，西蒙娜和乔治建议你们多练习几次。

魔术1

所需材料：

需要大约10件东西，其中2件为同一颜色，比如红色。

表演过程：

1. 观众就位。魔术师背对着观众。

2. 助手将所有东西摆在桌子上，然后从观众中随机挑选一个人，这个观众会选择一样东西，并用手指示意所有人看，但不能出声（因为不能让魔术师知道）。

3. 随后，助手告诉观众，自己会通过心灵感应的方式告知魔术师刚才那个人所选的东西是什么。随后助手要集中精神，用手指抵在太阳穴上，做出传输信息的样子。

4. 突然，魔术师表示自己接收到了信息，然后便转过身来。

5. 表演开始，助手会依次指向每一件东西，并逐个询问：“是这个吗？”直到魔术师给出正确答案。

揭秘：

助手在随便向魔术师示意过一些东西之后，会用手指向一个红色的东西，这是一个暗号，魔术师便知道助手接下来指的那样东西就是正确答案了。

魔术2

所需材料：

一副纸牌。

表演过程：

1. 观众就位。魔术师背对着观众。

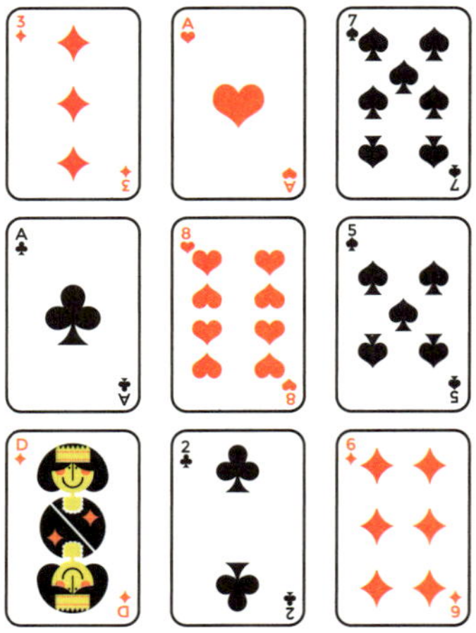

2. 助手从观众中随机挑选一个人，请他从纸牌中随便抽出9张，按照右图所示的方式摆在桌面上。

3. 然后，助手会请另一位观众在这9张牌中随便选择1张，并用手指示意，但不能出声（因为不能让魔术师知道）。

4. 随后，助手告诉观众，自己会通过心灵感应的方式告知魔术师刚才那个人所选的纸牌是什么。随后助手要集中精神，用手指抵在太阳穴上，做出传输信息的样子。

5. 突然，魔术师表示自己接收到了信息，然后便转过身来。

6. 表演开始，助手会依次指向每一张牌，并逐个询问：“是这张吗？”直到魔术师给出正确答案。

揭秘：

助手会从正中间的那张纸牌开始示意，但他手指所放的位置会指明观众所选纸牌的方位。根据上边的图示，乔治会给大家几个具体的示例。紫色叉子代表助手的手指在中间那张纸牌上所放的位置，不同的位置暗示了不同的纸牌。

暗示：梅花2　暗示：方片3　暗示：黑桃5　暗示：红桃8

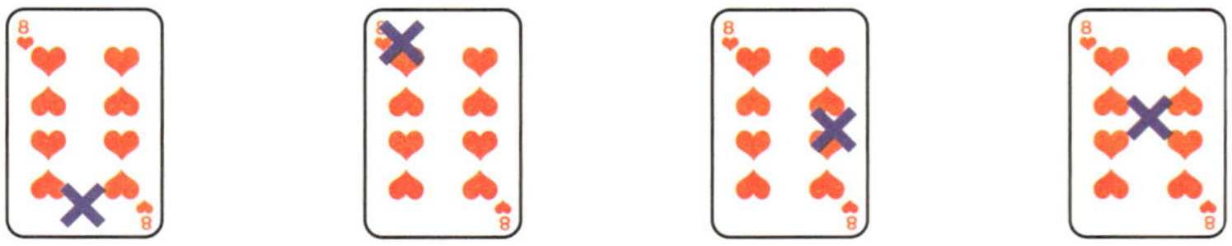

D
D

哈利·波特与魔法石

绘图：斯特凡妮·拉纳

《哈利·波特与魔法石》是克里斯·哥伦布执导的影片。**“哈利·波特”是由女作家J. K.罗琳在1997年至2007年间创作的系列传奇故事。**它讲述了哈利在魔法学校上学的时间里，与他的好朋友赫敏和罗恩一起完成一次次冒险的故事。2001年，由这套小说中的第一本书改编成的电影上映。下面这一幕，是哈利、罗恩和赫敏第一次见面的情景。

故事梗概

哈利和罗恩刚刚认识，他们一起坐火车前往由邓布利多任校长的霍格沃茨魔法学校上学。哈利买了各种带魔法的零食，但他对它们一无所知。所以，在一起品尝零食的同时，罗恩也会分享一些自己知道的趣闻逸事。

角色介绍

- **哈利·波特：**他刚刚知道自己是一个巫师，而且还非常出名，他非常渴望能了解这个未知的魔法世界。
- **罗恩·韦斯莱：**罗恩也是霍格沃茨魔法学校的一年级新生，他有一点点笨拙。他的五个哥哥（包括爱搞恶作剧的双胞胎兄弟弗雷德和乔治）也都在这所学校上学。
- **赫敏·格兰杰：**她是一个非常勤奋的女孩，懂得很多魔法，在这一幕中，她显得非常聪明。

场景设置

这一幕发生在一节火车车厢内。

对白

哈利手上拿着一包糖果，他在读包装上面的介绍。

哈利：比比多味豆？

罗恩：（边吃边说。）所谓的多味，是指所有的味道一应俱全。（哈利打开包装并随手拿了一颗。）不仅有巧克力或薄荷味，还有菠菜、肝和牛肚等味道。乔治还曾吃到过一颗鼻屎味儿的豆子。

哈利：（把豆子放到嘴里尝了尝，就赶紧吐掉了。接着，他又拿出了另一包写着“巧克力蛙”的糖果。）这些不会是真的青蛙吧？

罗恩：哦，这是一种魔法。另外，留意下这里面附赠的卡片。每一包都有一张有名气的巫师的图片。我已经攒了500张了。（哈利打开包装，一只巧克力蛙跳了出来，并蹿到了火车的玻璃窗上。）当心！（巧克力蛙从车窗跳了出去。）哦，真不走运。通常来说，它们只会跳一下。

哈利：（他取出包装里的卡片，拿在手里瞧了瞧。）我拿到了一张邓布利多！

罗恩：我至少有6张他的卡片了。

哈利：（他又再次看向卡片，但邓布利多的头像不见了。）他不见了?!

罗恩：你总不能指望他一整天都待在那里吧。（罗恩的老鼠趴在他的膝盖上，脑袋却钻进了一包糖果里。）好吧，我给你介绍下，这是斑斑，它看上去挺没用的。

哈利：是啊，有点儿……

罗恩：弗雷德教给我一个方法能把它变成黄色，你要看看吗？

哈利：好啊！

罗恩：（他掏出了魔杖。）唔……阳光……（他被打断了，赫敏走进了车厢）

赫敏：呃，你们有谁看到一只蟾蜍吗？一个叫纳威的男孩丢了一只蟾蜍。

罗恩：没有。

赫敏：哦，你是在施魔法吗？那就让我们开开眼吧！

罗恩：唔……阳光，黄水仙，含羞草，把这只傻乎乎的大老鼠从头到脚变成黄色！（魔杖只是冒出了一点点烟，但老鼠毫无变化。罗恩看着哈利，显得有些不知所措。）唔……（哈利耸了耸肩，对罗恩表示同情。）

赫敏：这就是你说的魔法吗？看起来可不怎么样。我尝试过一些魔法，当然是很简单的那种，但每次都起作用了。（她坐在了哈利的对面。）比如……（她掏出魔杖，对准哈利的眼睛中间。哈利吓了一跳。）修理、翻新！（哈利之前不小心弄坏了的眼镜被修好了。）这样会更好一些，不是吗？（哈利摘下眼镜仔细看着，不知道说什么好，只是目瞪口呆地望着罗恩。）哦，天哪！你是哈利·波特?！我是赫敏·格兰杰，那……（她意味深长地看着罗恩。）你是……

罗恩：（嘴里塞满了吃的。）我？罗恩·韦斯莱。

赫敏：幸会。你们俩最好赶紧把衣服换上，我们大概很快就要到了。

你们俩最好赶紧把衣服换上，我们大概很快就要到了。

游戏答案

这就是封面和封底的
7个不同之处：

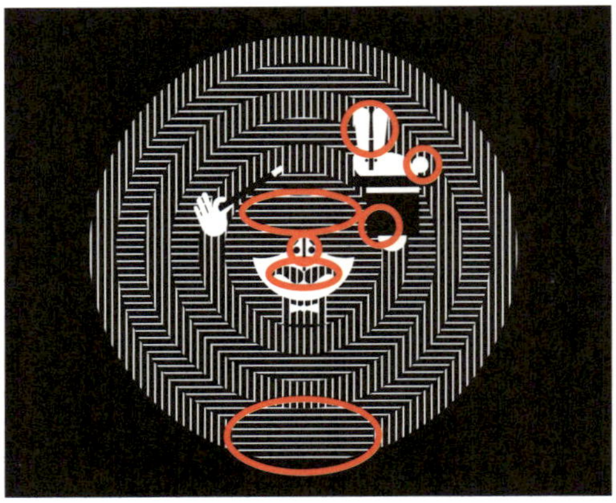

游戏1 阿布拉卡达布拉！

A. 20到30之间，因为图中一共有27名。
B. 7只。

游戏2 箱子中的秘密！

A. 用蓝色圈出来的应该是4，用红色圈出来的是3。
B. 非比寻常、难以置信、无与伦比、不可思议、古典主义。
C. 古典主义。

游戏3 你有没有觉得困了……

A. 出现的是3号女孩索尼娅。
B. HENRI LUSION（亨利·卢西雍）。

游戏5 预言水晶球

1-E；2-D；3-A；4-H；5-B；6-F；7-C；8-G

游戏6 神奇的绳子魔法

A. 见右图。

B. NEW DELHI（新德里）。